TÉCNICAS, METODOLOGÍA Y EXPERIENCIAS EN LA ACTUACION DEL CELADOR EN LA UCI

Introducción

Este manual no es solo el cometido del celador en la UCI, si no también estudios sobre métodos, técnicas y experiencias del celador en la UCI.

El celador tiene que ayudar a movilizar a pacientes, levantarlos por la mañana y acostarlo después de un rato indicado por el medico, cambios postulares, ayudar a los auxiliares a lavar a los pacientes, conducir a los pacientes, RX, Tac, ecografía, etc..., llevar y traer analíticas, también medicación de farmacia. Todo este trabajo y mucho mas dependiendo de la especialidad de la UCI. Ahora explico los fundamentos en la UCI.

Atuendo del celador en la UCI

Los Celadores en UCI deberán estar con batas o uniformes asépticos, que se renovarán cada vez que abandonen estas dependencias o salgan fuera de la zona aséptica. Dada las características de esta unidad, deberán procurar evitar ruidos innecesarios y estar acostumbrado en los movimientos delicados que habrá de realizar sobre los pacientes encamados. Dicha movilización se aprende con la práctica y las indicaciones de un veterano o personal instruido. De otro celador o también con manuales y su posterior practica.

Como es una unidad de UCI, recuperación y críticos.

Que tipo de Medicina se realiza en la UCI.

Esta modalidad de la medicina, tiene muchas y diferentes tareas para el celador ya que se puede realizar en la UCI, Recuperación y Críticos, dependiendo de los Hospitales.

La Medicina Intensiva es una especialidad médica dedicada al suministro de soporte vital o de soporte al sistema orgánico en los pacientes que están críticamente enfermos, quienes generalmente también requieren supervisión y monitorización intensiva. Es unas estancias donde a los pacientes se le hace un seguimiento mas intenso con monitores.

Los pacientes que requieren cuidados intensivos, por lo general también necesitan soporte para la inestabilidad hemodinámica (hipotensión o hipertensión), para las vías aéreas o el compromiso respiratorio o el fracaso renal, y a menudo los tres. Los pacientes admitidos en las unidades de cuidados intensivos (UCI), también llamadas unidades de vigilancia intensiva (UVI), que no requieren soporte para lo antedicho, generalmente son admitidos para la supervisión intensiva/invasora, habitualmente después de cirugía mayor.

Los especialistas en cuidados médicos intensivos se llaman intensivistas. Dicho de otra manera después de una operación critica y con riesgos al paciente se pasaría a UCI o Recuperación. En la UCI esta la especialidad Cardiología entre otras, si una operación de cardiología se complicara, para su recuperación y control se llevaría a UCI de cardiología.

Existen dos modelos fundamentales de acceso a la especialidad. En algunos países, esta especialidad es asumida por anestesistas, cardiólogos, neumólogos, internistas o cirujanos, generalmente tras un periodo complementario de formación en los conocimientos y habilidades propios de la Medicina Intensiva. En otros países como España existe la especialidad de Medicina Intensiva como tal, con una formación específica horizontal que cubre los distintos aspectos del paciente crítico.

Los cuidados intensivos generalmente sólo se ofrecen a los pacientes cuya condición sea potencialmente reversible y que tengan posibilidad de sobrevivir con la ayuda de los cuidados intensivos. Por lo que es una unidad con un número muy limitado de camas. Puesto que los enfermos críticos están cerca de la muerte, el resultado de ésta intervención es difícil de predecir. En consecuencia, mueren todavía muchos pacientes en la Unidad de Cuidados Intensivos. El celador lo único que puede hacer, es cuando se precise una prueba llevarlo con rapidez, movilizar al paciente con cuidado para que no sufra en la movilización y tener un poco de empatía con el paciente. En caso de una analítica preguntar la urgencia de dicha analítica al igual que medicación de farmacia.

Un requisito previo a la admisión en una unidad de cuidados intensivos es que la condición subyacente pueda ser superada. Por lo tanto, el tratamiento intensivo sólo se utiliza para ganar tiempo con el fin de que la aflicción aguda pueda ser resuelta.

Estudios médicos de la UCI, sugieren una relación entre el volumen de la Unidad de Cuidados Intensivos (UCI) y la calidad del cuidado al enfermo crítico ventilado mecánicamente. Después de ajustar los factores: gravedad de la enfermedad, variables demográficas, y características de las UCI (incluyendo personal intensivista), un volumen de la UCI más grande fue perceptiblemente asociado a índices más bajos de mortalidad en la UCI y en el hospital.

Cometido del celador en la UCI

En la UVI o UCI, el cometido del celador, es muy variado. Lo primero es traer el enfermo del quirófano, observación o críticos. Una vez recogido al paciente de estas zonas al llegar a la UCI se cambia el monitor, respirador y bombona, que se lleva en la camilla, por el que tienen en la UCI y se pasa el enfermo de la camilla a la cama con el transfer. El monitor, el respirador y la bombona se llevan a su lugar de origen, si viene de observación, pues se lleva a observación,

Quirófano o críticos, dependiendo de su origen, se deja todo el aparataje.

También otro cometido del celador en esta unidad, es llevar al enfermo a las pruebas diagnosticas, como RX, TAC, Ecografía, Resonancia magnética y otras muchas. Se prepara al paciente en su cama, con su monitor, respirador o bombona de oxigeno y se lleva con la compañía de un ATS para su traslado. Se esperara en el lugar de la prueba con el ATS y al terminar se volverá a llevar a la UCI. También en la unidad de la UCI se ayuda a hacer cambios postulares, a subir al paciente en la cama cuando se baja. Otra tarea es ayudar a limpiar con el auxiliar de enfermería, a mover material y camas por la UCI, también a llevar las analíticas y traer lo que pidan de farmacia. Por ultimo se ayuda al traslado el los paciente a planta cuando se le da el alta en la UCI.

Que tipo de personal trabaja en la UCI

Esta especialidad médica se trabaja con, médicos intensivistas, ATS, auxiliares de enfermería, celadores, administrativo y limpiadoras. Normalmente quien indica las tareas el supervisor de la UCI, los ATS, cuando hay que llevar analíticas, cambios postulares, entre otras, el celador principalmente ayudar a limpiar y movilizar al enfermo.

Con el medico, cuando hay que llevar a un enfermo a un quirófano, TAC u otra prueba que haya que llevar al paciente con respirador, monitor, sueros, medicación controlada., en estos casos hay que llevar la maleta de parada y el monitor de parada. También las UCI tiene especialidades diferentes y cada profesional tienen necesidades diferentes, por lo que mantenerse informados del funcionamiento de las otras unidades, es conveniente para poder organizar las diferentes tareas. Este tipo de unidades tienen unas particularidades también a la hora de tratar tanto a los pacientes como a los compañeros, hay que tener un concepto de compañerismo y relación asertiva para poder desarrollar lo mejor posibles las diferentes tareas. Hay otros compañeros en la UCI, como la limpiadora o el administrativo, con los cuales tener una buena comunicación es necesario para mantener limpias las diferentes estancias y saber quien tiene el alta a planta. Dicho de otra manera estar comunicado con todo el equipo multidisciplinar.

Como es la Unidad UCI

Una unidad de cuidados intensivos (UCI), unidad de vigilancia intensiva (UVI) o centro de tratamiento intensivo (CTI) o Unidad de terapia intensiva (UTI) es una instalación especial dentro del área hospitalaria que proporciona medicina intensiva. Los pacientes candidatos a entrar en cuidados intensivos son aquellos que tienen alguna condición grave de salud que pone en riesgo la vida y que por tal requieren de una monitorización constante de sus signos vitales y otros parámetros, como el control de líquidos. Muchos hospitales han habilitado áreas de cuidados intensivos para algunas especialidades médicas.

Dependiendo del volumen de pacientes ingresados puede haber varias unidades de cuidados intensivos especializadas en diferentes áreas de la Medicina, como son:

-Cuidados intensivos cardiológicos o unidad coronaria.

-Unidad posoperatoria de cirugía cardíaca.

-Trasplante de órganos.

-Cuidados intensivos psiquiátricos.

-Cuidados posoperatorios, aunque la mayoría son «unidades de cuidados intensivos polivalentes.

Unidades de Cuidados Intensivos pediátricas UCIP

El celador en las unidades UCI de pediatría hace prácticamente lo mismo que en una Unidad de adultos, pero las movilizaciones las suelen hacer los auxiliares, el traslado en cuna si lo hace el celador, para lleva al bebe, hacerles las pruebas correspondiente, también si hay que llevarlo y pasarlo al quirófano lo hace el celador.

Unidades de cuidados intensivos pediátricos, que deben diferenciarse de las Unidades neonatales, cuyos pacientes se mueven en un rango estrecho de edad (desde el nacimiento hasta el día 28 de edad) conocido como período neonatal.

Las unidades de cuidados intensivos pueden formar parte de un medio de transporte, ya sea en aviones acondicionados como hospital, helicópteros, buques hospitalarios (usualmente integrados en cuerpos militares navales), autobuses, etc.

Esta área del SCC y U, básicamente, centra su oferta de servicios en la monitorización activa y tratamiento intensivo de los siguientes grupos de pacientes con riesgo vital o potencial:

• Coronarios

• Sépticos

• Postquirúrgicos

• Pacientes médicos

• Neurotraumatizados, incluyendo lesionados medulares altos

• Politraumatismos de cualquier causa externa

• Trasplantados

• Ataques cerebrovasculares

Muchas de las prestaciones de la cartera de servicio reseñadas en la Unidad de Urgencias se ofrecen también en la Unidad de Cuidados y Críticos. Por ello, sólo reflejaremos aquellas que únicamente se pueden ofertar en esta última.

Procedimientos de monitorización en la UCI

La observación de urgencias, se realizan un control menos intenso que la UCI, pero sirven para un filtro por gravedades al entrar en un hospital. El tipo de control de la UCI que se lleva en una unidad de este tipo es:

• Monitorización de signos clínicos específicos: Escalas de gravedad de hemorragia subaracnoidea (GCS, W-F, H-H, Fisher, Graeb)

• Monitorización de signos clínicos específicos: Escalas de Gravedad Disfunción multiorgánica y de los respectivos órganos y sistemas

• Monitorización de la presión intracraneal

• Monitorización de la saturación de oxígeno en bulbo de la yugular

• Monitorización de la presión intraabdominal

• Monitorización de la presión venosa central.

• Monitorización invasiva de la presión arterial

• Monitorización continua y discontinua del gasto cardiaco

• Monitorización de las presiones del círculo menor

Procedimientos Diagnósticos

- Estudio de fístulas postquirúrgicas

- Estudio de hipertensión pulmonar

- Doppler Transcraneal

- Ecocardiografía transtorácica y transesofágica

- Ecografia abdominal

- Cálculo de volumen intratorácicos y agua extrapulmonar

Procedimientos Terapéuticos

- Técnicas de intubación difícil (al menos, dos).

- Traqueotomía por cirugía convencional

- Traqueotomía percutánea.

• Ventilación mecánica invasiva en todas sus diferentes modalidades, incluyendo las técnicas de "Reclutamiento Alveolar".

•Técnicas de depuración extrarrenal: hemofiltración, hemodiafiltración, hemoperfusión y plasmaféresis.

• Técnicas avanzadas de estabilización hemodinámica en el politrauma

Estudios científicos sobre los pacientes quirúrgicos grave de la UCI

Objetivos: Comprobar la validez de la determinación para pronosticar la mortalidad de pacientes quirúrgicos graves ingresados en Cuidados Intensivos e identificar grupos de riesgo. Método: Estudio prospectivo de los pacientes ingresados en la Unidad de Cuidados "; desde el 1ro. de mayo de 1999 al 30 de abril del

2009. Se calculó para cada paciente la puntuación de la escala ingreso y diariamente. Resultados: Incremento significativo del estudio, según la existencia o no del síndrome de disfunción múltiple de órganos, relación directa entre la puntuación máxima presentada para cada paciente, con el estado al egreso. Se identificaron 3 grupos de riesgo (p<0,001). La mortalidad se incrementó en presencia de los síndromes de respuesta inflamatoria sistémica y de disfunción múltiple de órganos. Conclusiones: Se corroboró el valor de la determinación diaria del estado de gravedad de enfermos críticos como factor pronóstico de la mortalidad y la existencia de 3 grupos de riesgo según los rangos de puntuación de la escala

Síndrome de Disfunción Múltiple de Órganos. Pronóstico. Enfermedades críticas

INTRODUCCION

El surgimiento y el desarrollo de las Unidades de Cuidados Intensivos (UCI) en las últimas décadas del siglo XX ha mejorado significativamente la atención a los pacientes gravemente enfermos, que de otro modo hubieran fallecido precozmente 1-3. Muchos de ellos sometidos a intervenciones quirúrgicas mayores y procedimientos invasivos

Constituyen un grupo importante de los ingresos de estas unidades y pueden sufrir el deterioro ulterior de la función de diferentes sistemas, presentando muchas veces Síndrome de Respuesta Inflamatoria Sistémica (SRIS) y finalmente el de Disfunción Múltiple de Órganos (SDMO) reconocido como la principal causa de muerte en Cuidados Intensivos2-6.

Es por ello que se han desarrollado numerosos sistemas de puntuación para intentar predecir el pronóstico de estos enfermos con el objetivo de optimizar los recursos humanos y materiales para su atención. En 1981 Knaus et al. Publicaron su estudio Acute Physiology and Chronic Health Evaluation que fue perfeccionado en 1985 cuando se dio a conocer el que emplea 12 variables y añade una puntuación adicional según la edad y la presencia de enfermedades crónicas. A pesar de la publicación en 1991 el, estudio continúa empleándose preferentemente debido a su menor complejidad y costo.

El objetivo de nuestro trabajo es comprobar la validez de la determinación diaria del estudio para predecir la mortalidad de pacientes quirúrgicos graves ingresados en Cuidados Intensivos e identificar grupos de riesgo estadístico.

MATERIAL Y METODO

Se realizó un estudio prospectivo de 2000 pacientes quirúrgicos con estadío superior a 24 horas, ingresados en la UCI de USA y Europa de forma paralela, desde el 1ro de mayo de 1999 al 30 de abril del 2009. Los pacientes fueron divididos en diferentes categorías diagnósticas según la presencia o no de los Síndromes de Respuesta Inflamatoria Sistémica (SRIS) o de Disfunción

Múltiple de Órganos (SDMO). El diagnóstico del SRIS se realizó cuando estuvieron presentes 2 ó más de los siguientes criterios: 1) temperatura > 38o C ó < 36o C; 2) frecuencia cardiaca > 90 latidos por minuto; 3) frecuencia respiratoria > 20 respiraciones por minuto o $PaCO_2$ < 32 mmHg y 4) conteo total de glóbulos blancos > 12,0 x 109/l (12000/mm3) o menor de 4,0 x 109l (4000/mm3) o la presencia de más de un 10% de formas inmaduras (bandas). El SDMO fue diagnosticado empleando los criterios de Moore modificados que asignan una puntuación de 1 a 3, según la severidad, a un total de ocho sistemas. Se diagnosticó cuando la suma fue igual o mayor de 8 puntos. A cada paciente se le calculó la puntuación estudio, al ingreso y diariamente y

se relacionó la puntuación máxima alcanzada durante su estadía con el estado al egreso (vivo o fallecido). Los datos fueron procesados utilizando el programa SPSS 8.0 sobre una microcomputadora IBM compatible, (Empresa Americana dedicada a estadísticas con ordenadores muy potentes) y se emplearon las Tasas de Mortalidad (TM) expresadas en porcentaje, el Test Chi Cuadrado de homogeneidad, para evaluar la significación de las diferencias observadas entre los grupos de riesgo y el test paramétrico t de Student para las diferencias observadas entre los promedios de (significativo $p<0,05$)

RESULTADOS

De un total de 213 pacientes estudiados fallecieron 39, para una TM de 18,3%. Se evidenció una relación directa entre el incremento del y la mortalidad, pues la misma fue nula en los grupos por debajo de 15 puntos, y se incrementó progresivamente hasta llegar a ser del 100% por encima de 29

DISCUSION

Desde su publicación en 1985, el estudio, ha sido uno de los sistemas más empleados para facilitar el pronóstico de los pacientes graves ingresados en Cuidados Intensivos. A pesar de que se ha empleado utilizando las peores variables clínicas y de laboratorio después del ingreso, en los últimos años numerosos investigadores han propugnado por su determinación diaria, ya que resulta innegable que los eventos que ocurren posteriormente contribuyen significativamente al resultado.

El presente trabajo evidencia la validez del cálculo diario del estudio para predecir la mortalidad de los pacientes quirúrgicos en Cuidados Intensivos, destacando el mal pronóstico de aquellos que en cualquier momento de su evolución presentan puntuaciones elevadas, lo que coincide con otras investigaciones que emplearon este método.

Se demostró además, la existencia de tres grupos según los intervalos del estudio máximo. Uno de buen pronóstico cuando osciló entre 0 y 14 puntos, uno de riesgo elevado, cuando la puntuación estuvo entre 15 y 24 y finalmente, un grupo de muy alto riesgo (mal pronóstico) a partir de 25 puntos. El mismo autor publicó recientemente una serie de 748 pacientes considerando sólo dos grupos según el estuviera por debajo de 20 puntos o a partir de este valor.

Por otra parte, se evidenció la elevada TM de los pacientes con SDMO (80%) comparada con los que no lo presentaron, resultados que coinciden con publicaciones la sitúan entre el 80 y el 100%. Sin embargo, llama la atención que aquellos pacientes que sólo presentaron SRIS tuvieran un buen pronóstico (TM de 6,4%), lo que dista mucho del 40-60% reportado internacionalmente y que creemos es debido a que el presente estudio se limitó sólo a enfermos sometidos a intervenciones quirúrgicas, donde es más probable el desarrollo del SRIS debido a diferentes factores entre los que se encuentran las causas que motivan la intervención como tal (accidentes, heridas, infecciones intra abdominales) el propio procedimiento quirúrgico, la presencia de hematomas o abscesos no diagnosticados y la necesidad de sondas, catéteres y otras técnicas invasivas, más frecuentes en estos pacientes.

Se pudo constatar, finalmente, un incremento significativo del según las diferentes categorías diagnósticas empleadas, siendo muy alto en pacientes con SDMO y mostrando diferencias significativas entre los egresados vivos y los fallecidos, lo que evidencia la relación estrecha entre este sistema de puntuación y la gravedad de los pacientes enfermos quirúrgicos en Cuidados Intensivos, así como el pronóstico desfavorable de los casos que desarrollaron SDMO, reconocido hoy en día como la principal causa de muerte en Cuidados Intensivos.

ACTUACIONES DEL CELADOR EN UVI / UCI

EL CELADOR EN LA UVI

•Las UVI son servicios que tienen como misión la recepción, observación y tratamiento por personal altamente especializado y dotado de material idóneo.

•Los Celadores en estas unidades requieren contrastada experiencia profesional y conocimiento de las técnicas de movilización de pacientes.

•Normas de vestuario:

1. Uniforme reglamentario

2. Calzas

3. Mascarilla

4. Guantes

5. Gorro

•Funciones especificas del Celador en la UVI

1. Auxiliaran en todas las labores propias del celador

2. Traslado de los enfermos

3. Trabajos de fuerza que requiera la Unidad

4. Lavado y aseo de pacientes

5. Colocación y retirada de cuñas

6. Amortajar a los enfermos fallecidos y traslado de los cadáveres al mortuorio

7. Tramitaran o conducirán las comunicaciones que le sean confiadas

8. Trasladaran los aparatos o mobiliario que la Unidad requiera

Distintos trabajo del celador en unidad de urgencias, uci, uvi.

•Según la forma de analizar las solicitudes:

1. "Dispatch" – sin ningún tipo de diferenciación entre más o menos grave

2. Regulación no medica – Personal no medico, deriva esa solicitud

3. Regulación medica – El facultativo, activa los recursos necesarios

•Según la forma de dar respuesta a las urgencias leves o moderadas:

1. Derivación a la práctica liberal de la medicina

2. Derivación a organizaciones privadas o públicas de atención primaria

3. Recursos propios

•Según la forma de dar respuesta a las emergencias medicas:

1. Un escalón básico con personal no facultativo

2. Un escalón avanzado con personal medico

3. Dos escalones secuenciales (básico-avanzado), sin médicos

4. Dos escalones secuenciales (básico/personal no facultativo) y otro avanzado (personal facultativo, que se desplazan al encuentro del paciente.

•Acceso al servicio

1. Numero telefónico 112 de llamadas de urgencia único europeo

1. Recibir y ayudar a los pacientes que lleguen

2. Recibir y ayudar a los pacientes que lleguen en vehículo

3. Recibir y ayudar a los pacientes ambulantes que lleguen

4. Transportar a los pacientes

5. Avisar al Personal Sanitario de la llegada de un paciente

•Control de personas

1. Vigilar las entradas al Área de Urgencias

2. Vigilar el comportamiento de pacientes y acompañantes

3. Ayudar al Personal Sanitario

4. Facilitar información general

•Funciones de apoyo externo

1. Tramitar y conducir sin tardanza las comunicaciones verbales

2. Traslado de pacientes a las distintas Unidades

3. Recoger las analíticas de los laboratorios

•Funciones de apoyo interno

1. Traslado y control interno

2. Transporte y control de documentos

3. Tramitación y conducción de las comunicaciones verbales

4. Auxilio el las labores que se le encomienden por Médicos, Supervisores o Enfermeras

5. Ayuda al Personal Sanitario

6. Control de personas en el Área de Urgencias

•Funciones Generales

1. Dar cuenta a sus superiores de los desperfectos o anomalías que encuentren en la limpieza y conservación del edificio y del material

2. Manejo y custodia de las sillas de ruedas, `porta-sueros, camillas, etc.

3. Comunicar las averías en sillas de ruedas, porta-sueros, camillas, etc.

4. Transportar y revisar las balas de oxigeno y su funcionamiento

5. Cuando abandonen el servicio en periodos de descanso, deberán comunicarlo, para poder ser localizados en caso de emergencia.

6. Ante malas maneras de los acompañantes, solicitaran su colaboración, si persisten se solicitara la presencia del Servicio de Seguridad

Experiencias del celador en la UCI

-Unas de las experiencias más emotivas en cuando llegan los familiares a la UCI. Las familias llegan a la entrada, se les comunica que se ponga la ropa, que consiste en gorro, bata, guantes, patucos y en algunos casos mascarillas como aislamientos de infeccioso o trasplantes. Los familiares cuando llegan intentan animar enfermo y cuando salen de las habitaciones, algunos se ponen a llorar, pero durante la visita mantienen el tipo.

-Otra experiencia fue un herido grave que llego a la UCI y hacia falta llevarlo a hacerle un TAC, durante el camino el paciente estaba hablando todo el recorrido al llegar había que pásalo a la mesa del TAC, el paciente hizo por levantarse y nosotros le dijimos que no, que estaba herido, él dijo firmemente que no quería molestar. Cuando al final lo convencimos para pasarlo a la mesa TAC, en las prueba se notifico por el medico que por las heridas que sufría, le tenia que estar doliendo mucho y no se quejaba nada el paciente y para más nos animaba a todo por nuestro trabajo hospitalario.

-Una mañana con mucho trabajo, había pendiente muchas altas, que teníamos que subirlos de la UCI a sus plantas, solo había una persona para llevar a los paciente en su cama. Para no hacer de esperar más a los pacientes que tenían ganas de subir para ver a sus familiares y estar en su habitación, el celador con el permiso del supervisor de UCI, dejo que llevara un celador solo todas las camas, fueron durante la mañana unas 20 camas de ingreso, al final del día el celador estaba agotado. Todos los compañeros de la UCI y el propio hospital le agradecieron ese servicio excepcional, hay que comentar que el celador por su tamaño, fuerza y habilidad, pudo llevar a los pacientes desde UCI que por ser un mega Hospital las habitaciones estaban bastantes lejos y el paciente había que cambiarlo de cama. Este trabajo para solucionar un problema para el beneficio de los pacientes hay que ser flexibles y si el celador siente vocación por su trabajo, pues es perfecto para hacer un trabajo de calidad y profesionalidad, aunque las circunstancias sean difíciles.

-Otro día en la puerta de entrada de la UCI, se lio una pelea entre un familiar y un sanitario, por cuestión de pasar sin permiso. La puerta estaba llena de familiares y esperando a entrar a las horas que el hospital tiene puesta. Esta persona no quería esperar. Llego un compañero celador que salía con una cama con un paciente, que se le había dado el alta a planta, era el familiar de que estaba esperando. El paciente le dijo a su familiar que fuese solidario, y que esperara lo que digan las normas del hospital, porque sin normas que cumplamos todos, el hospital no funcionaria y los perjudicados serian los pacientes. Eso fue lo que dijo el paciente a su familiar. El familiar se callo y entendió la importancia del orden en una UCI.

-Una noche un hospital sin celador en la UCI. Empezaron temprano a llamar porque tenían muchos pacientes que se hacían sus necesidades, provocado por la enfermedad. Un celador se encargo durante toda la noche subiendo y bajando a la UCI, para todas las especialidades durante toda la noche no paro ni un minuto, los compañeros esperaban en sus unidades que llegara el celador y el preguntaban que si no había mas celadores, decía que no había mas personal que estaban en otros servicios, esa noche ayudo a limpiar mas 39 pacientes. Termino cansado. Al llegar al vestuario se ducho a la salida los compañeros de la UCI les dieron las gracias por el servicio por encima de lo que seria su obligación. Ya que iba corriendo, a cada unidad, no seno, no se tomo su media hora de descanso para tomar algo. Todo lo hizo por el paciente. En una unidad tan grande tiene que haber por normativa sanitaria 2 a 3 personas. Como un día excepcional cumplió por encima del deber.

-Un día, llegado a la UCI, había un problema faltaban camas en la unidad, no había ninguna que estuvieran en buen estado dentro del hospital. El celador con bastante experiencia pensó en mirar por admisión, las camas de despertar, plantas, hasta que trajeran las nuevas del almacén. Se pudieron llevar pronto las camas que faltaban, al final del día, llegaron las camas y se repusieron en despertar y plantas. Las camas que habían faltado eran cama que se habían roto y se la llevaros el servicio técnico si dejar constancia por escrito.

-Llegaron unos un equipo de otro hospital a la UCI para llevar un enfermo a otro hospital. Al llegar dijeron que donde estaban los celadores para bajar y llevarle a su vehículo que esta afuera al paciente. El supervisor les comento que ellos tenían que traer equipo de traslado ya que era un hospital privado ellos tenían que correr con los gastos de personal. Se pusieron muy enojados diciendo que eso no era solidario, el supervisor dijo que era una cuestión de ser competentes y traer todo el personal necesario. Al no haber una fácil solución se aviso a los celadores y se les dijo que si harían un traslado que no es del hospital que era un favor a un hospital privado. Uno de los celadores se acercó al grupo que venia a recogerlo y les dijo esto no es un problema es cuestión de querer trabajar para hacer un buen servicio al paciente. Ya sea un medico, ATS o auxiliar, no hacia falta esperar tanto. Los celadores cogieron una camilla pasaron al paciente y lo bajaron hasta la ambulancia dos celadores duraron 9 minutos. El Supervisor del hospital les dio las gracia a sus celadores, los de la empresa privada no. Pero no volvieron a llegar si menos personal del necesario.

Conclusiones.

El trabajo para un celador en una UCI, conlleva mucha responsabilidad al igual que al resto de los compañero. Pero la UCI necesita personas muy motivadas, suele haber mucho trabajo y el trabajo difícil para personas no motivadas o de vocación. Para un trabajo para un fin social como la UCI, el trabajo diario, ser resolutivo ante los problemas diarios, tener una buena actitud son buenas herramientas para trabajar en la UCI.

El llevar a pacientes a plantas o pruebas hablando con buena actitud, levantar y acostar a los pacientes con cuidado y buena actitud, ayudar a lavar a los auxiliares con tacto y delicadeza para que el paciente no se sienta inquieto.

El llevarse bien con los compañeros de todas las categorías, ayudar en la medida de lo posible en todo lo que se pueda. Ser discreto en las conversaciones con los compañeros y pacientes, crearan un ambiente profesional. Llegando al final ha cuidar al enfermo con una actitud asertiva, querer trabajar en un entorno donde se puede ayudar. Es todo lo que se precisa para ser un buen celador.

Estadística de servicios satisfacción del paciente en la UCI

-Están contentos con los cuidados al paciente...................Si 90%   No 10%.

-Están contento con la comunicación con los celadores………Si 91% No 9%.

-Están contento con los traslados en camas o silla de ruedas…..Si 99% No 1%

-Están contento con los cambios postulares………………..……Si 96% No 4%

-Están contento al levantarlo y acostarlo de la cama…………..Si 90% No 10%

-Están contento con la atención personal de los sanitarios……Si 80% No 20%

-Están contento con la actitud de los celadores………………..Si 90% No 10%

Esta estadística esta hecha sobre pacientes que habían estado en la UCI.